SUDOKU

100 PUZZLES WITH SOLUTIONS

EASY LEVEL **BOOK 10**

ISBN: 9781693667541
Copyright © 2019 Tim Bird.

All rights reserved. No part of this publication may be reproduced, distributed, or transmitted in any form or by any means, including photocopying, recording, or other electronic or mechanical methods, without the prior written permission of the publisher.

The contents of this book are believed to be correct at time of printing. Nevertheless the publisher cannot accept responsibility for errors and omissions, changes in the detail given or for any expense or loss thereby caused.

A standard Sudoku puzzle consists of a grid of 9 blocks. Each block contains 9 boxes arranged in 3 rows and 3 columns.

8	4	1	7	9	6		3	2
			2	5	4	8	1	
6	2	5	3	1		9	4	7
2		8		3	7	4	5	1
3		7	4	8		2	6	9
	5	6	9		1			8
5							2	3
1	6	3	8	4	2	7	9	5
9	7	2	5	6	3	1	8	4

The Basic Rules of Sudoku:

- There's only one solution to a Sudoku puzzle. A puzzle is considered solved when all 81 boxes contain numbers by following the Sudoku rules.
- When you start a game of Sudoku some blocks already have numbers (fewer number make a harder puzzle). These numbers cannot be changed.
- Each column must contain every number from 1 to 9 and no two numbers in the same column can be duplicated.
- Each row must contain every number from 1 to 9 and no two numbers in the same row can be duplicated.
- Each block must contain every number from 1 to 9 and no two numbers in the same block can be duplicated.

Here's the solved puzzle:

8	4	1	7	9	6	5	3	2
7	3	9	2	5	4	8	1	6
6	2	5	3	1	8	9	4	7
2	9	8	6	3	7	4	5	1
3	1	7	4	8	5	2	6	9
4	5	6	9	2	1	3	7	8
5	8	4	1	7	9	6	2	3
1	6	3	8	4	2	7	9	5
9	7	2	5	6	3	1	8	4

Puzzle 1

2	3	9	4		8	7	5	6
1	8	5		7	3	4	2	9
7	6	4				1	8	3
4	5				7		6	2
6	9	7		4		3	1	8
8	1	2	9	3	6	5	7	4
3	7	1	8				9	
5		6	3	9	1	8		7
9	4	8					3	1

Puzzle 2

	3		6	5				
5	4		2	8	7	3		6
6	2		4	1	3		5	
4	8	2	1	7	6	5	9	3
3	7	5	9	4	8	6		
9	1	6	5	3			8	
7	5	3	8	2	1	9	4	6
1	9	8	3	6	4	2	7	5
2	6	4	7		5	1	3	8

Puzzle 3

1	6				8	7	3	
9	7		6	4			8	5
3	8		1		7		9	6
4	2	8	7	1	6	9	5	3
6	3	1	8	9	5			
7	5	9		3	2	6	1	
5		6	3	7	9	8	2	
2	1			8		3	6	9
8	9	3	2		1	5	4	7

Puzzle 4

	4	5		1	9	8	3	6
1	3		2			5	7	4
8	7	6	3	5	4		2	1
4	5		8	2		3	6	9
9	6			3	5	1		7
3	8		6	9		4	5	2
7	9	8		4	6	2	1	3
6	2		1	8	3	7	9	5
5	1	3	9		2			8

Puzzle 5

6	1	4	7	8	9			
	9	5	2	3	4	1	7	6
7	3	2	5	6	1	8		
3			8	5	7			
9	2	8	6		3	5	1	
4		7	1	9	2			3
1	8	3	4	7	6			
2	4	6	9	1	5	7	3	8
5	7	9	3	2	8	4	6	1

Puzzle 6

	1	5	6	4	7	9		
	4	7	1	8	9		6	5
8	6	9	5	2		1	4	7
6	7	2	9	1	4	5	8	3
9	5	3	2	6		4		1
4	8	1	3	7		6	9	2
		4	8		6			9
5	3	6		9	2	8		4
	9	8	4		1			6

Puzzle 7

3	4	1	9	2	8	5	7	6
5		2	3	6	4	9	1	8
8	9	6			1	3	2	4
	1	7	8		5	2		3
4	2	5	6	1	3	7	8	9
	3	8			7			5
	6	4	1	5	9		3	7
1	8	9	7	3	6	4	5	2
7		3				6	9	1

Puzzle 8

1	4	9	7	6	3	2	8	5
3	5	7	8	2		9		
2	8	6	5	1	9		3	4
6	2	5	9	8	7	1	4	3
4	3	1	2	5	6	8	7	9
9	7	8	3	4	1	5		
	9	2	4			6		
	1	4	6		2	3		8
	6	3	1	9		4		

Puzzle 9

7	8	5	3	9	6	1	2	4
1	6		8		2		5	3
9				1		6	7	8
8	4	9	6	3				2
2		7	1			3	9	6
6			2	5	9	8		7
4	9	6		8		2	3	1
3	7	8	9	2	1	4	6	5
5			4		3	7	8	9

Puzzle 10

3	1	8	7	5	9		2	6
6	2	4	1			9	5	7
5	9	7	2	6		1	8	
7	8	2			6	5		1
1	5	6		7	2	3		8
4	3	9	8	1	5	7	6	2
9	6		5	2	7	8	3	4
2	7	5				6	1	9
8	4	3	6	9	1			

Puzzle 11

3			9		7		8	6
	6		4	1	3	9	2	7
			6		8		3	
6	7	4	3	9	5	8	1	2
9	2	3	8	4	1	7	6	5
	8		2	7	6	3	9	4
	3		1	6	4	2	5	9
2	5	6	7	8	9	1	4	3
			5	3	2	6	7	8

Puzzle 12

5							4	1
	4		3					5
	6	7		5	4	3		9
6	7	1	4	3	2	9	5	8
3	5	9	7	8	1	2	6	4
8	2	4	9	6	5	1	3	7
7	9	5	6	4	3	8	1	2
	1	6	5	7	8	4	9	3
4		3		2	9	5	7	6

Puzzle 13

			6			5	1	3
6	2	1		4		7	8	
		5	8		1			2
8	6	4		5		2	9	1
7	1	2	9	8	4	3	5	6
5	3	9	1	2	6	8		7
2	8	6		1		9	3	4
9	4	3	2	6	8	1	7	5
1	5	7	4	3	9	6	2	8

Puzzle 14

8			6	3		4	7	2
6		7	2			3	5	9
2		3	5			1	6	8
4				1	6	9	8	
1			4	2	7	6	3	5
3	7	6			5	2	4	1
7	6	4		5	2	8	9	3
9			7	4	3	5	1	6
5	3	1	9	6	8	7	2	4

Puzzle 15

	1	3	9	8		6	5	7
	6			1	7	9	3	8
9	8	7	6	3	5	2	1	4
7	3	9	8	4	6	5	2	1
8	2	4	1	5	3	7	9	6
1	5	6		2	9	8	4	3
3	9	8		6	1	4		
	4			7	8		6	9
6	7			9			8	

Puzzle 16

1	2	7		8		9	3	5
8	9	5	7	2	3	6	1	4
3	4	6	5	9	1	7	8	2
6		4	1	5	7		2	9
9		2			8		5	7
5	7			2	3	9		4	6
		3	9		2	5	6	
	5		3			2	9	
2	6	9	8	1	5	4	7	3

Puzzle 17

8		2	4	6		3	9	5
9		5	2	3		6		4
4	6	3	9	5				
1	5	6	7	9	2	4	3	8
3	4	7	5	8	6	2	1	9
2	8	9	1	4	3	5		7
7	9	1	3	2	5	8	4	6
5		8	6		4			
6		4	8		9		5	

Puzzle 18

2	5	8		6		7	1	
4		1	5	9	8	6	3	2
6		3	1	7		4	5	8
8	6		7	4	1		9	3
	4			8			7	1
9	1	7	2	3	5	8	6	4
7	8	4		1		3	2	5
5	3	9		2	7	1		6
1	2	6		5		9		7

Puzzle 19

3	2	4	7	5	8	6	1	
9	5	7	6	1	2	4		3
8	1		3	9	4	5		2
1	3		5	4	7	9		6
7				2		3	5	1
2	6		9	3	1	8	4	7
	9	1	2	8	3	7	6	4
6	8	2		7	9	1		5
				6	5	2	9	8

Puzzle 20

	9		6	4			5	1
4	7	2		5	8	3	6	9
6	5	1	9	3		8		2
9	3	4	7		5	1	2	6
	6	7	2		1	5		4
2	1			6		9	8	7
	2	9				6	7	
7	8	6	5	2	9		1	3
1	4	3	8	7	6		9	5

Puzzle 21

4	7	8	1				3	5
3	1	2	4	5				8
5	9	6	3	7	8	1	2	4
7	3	5	9	1	4	2		6
8	2	1	7	6	5			3
6	4	9	2	8	3	5	1	7
9	8	7	5	4	1	3	6	2
1	6		8				5	9
2	5		6			8		1

Puzzle 22

1	7	6	2	8	9	5		
5	3	2	6	4	1		9	8
4	8	9	5	7	3	2	6	1
6	5	7			4		8	2
3	2	1	9	6		4		7
9	4	8	7	2	5	3	1	6
8	1	5	4	9	2	6		3
2	6							9
7					6		2	5

Puzzle 23

2		9			8	1	4	5
5		8			9	4	2	1
	7	4			2	3	8	
9	2	3				8		7	6
7	5	1	9	6	2	3	4	8
8	4	6	3				9	2
4		7	2	3	6	9	8	5
3	8	5	1	7	9	6	2	4
6	9	2	8	4	5	7	3	1

Note: row 4 is `9 2 3 _ _ 8 _ 7 6`

Puzzle 24

4	1			9		7	8	2
8	9	6	1	2	7	3	4	5
		5	3		4	9	6	1
6	5	1	4	3	8	2	9	
3		2	7	1			5	6
7		9		5			1	3
1	6	4	8	7		5	2	9
9		8		6		1	7	4
5	2	7	9	4	1	6	3	8

Puzzle 25

			7	6	4	5	2	9
6	2	7	9	5		8	4	3
5	4	9	2	8	3	1	6	7
4			8	1	5	7	9	2
		5	6	7	2	3	1	4
			3	4	9	6	5	8
	5	4	1		7	9	8	6
			5		8	4	7	1
		8	4	9	6	2	3	5

Puzzle 26

			4	5	2	1	9	6
2	1	4	8	6	9	7	3	5
5	6	9	3	1		2		8
		5	1	7	6	9	8	2
6				9		3	1	4
1	9		2	3	4	6	5	7
			9		5	8	6	1
		1	6		3	5	7	9
9	5	6	7	8	1	4	2	3

Puzzle 27

2	8	5	1	6	7	3	4	9
4	9	6	2	8	3	7	1	5
		1	5	4	9		6	8
1	2			3	6	9	5	7
9	5	7	4	2		8	3	6
	6		7	9	5	4	2	1
	7			4			8	2
	4				2		7	3
5	1		3	7	8	6	9	4

Puzzle 28

7	9	5	8	1	3			6
3	6	8	4		2	7	9	1
1	2	4	9	6			3	8
9	5	2		8	4	1	7	3
8		1	5		9	6		
	4		2			8	5	9
4	8	6	3		5		1	7
5				1	6		8	
2	1	9	7	4	8	3	6	5

Puzzle 29

8	4	1	7	6	9	3	5	2
	2		8	5	3	4	1	6
3	5	6	2	4	1	9	7	8
	6	8		1		7		
1	3			7		5	8	
	7			9	8	6		1
	9			8		1	4	3
6	8	5	1	3	4	2	9	7
4	1	3	9	2	7	8	6	5

Puzzle 30

7	2	9	4	5	6	3	1	8
4	1	8	2	3	9	7	6	5
	5			7	8	4	9	2
9	6	1	7	2	5	8	4	3
5			8	6		9	7	
8	3	7	9	1	4	5	2	6
		4	5	9	1		3	7
	7	5			2		8	9
	9			8	7		5	4

Puzzle 31

5	3	4	8	1	9	6	7	2
7	1	8		3	2	9	4	5
6	2	9	5	4	7	1	8	3
8	6	3	9	2	4	7	5	1
9	5	1	3	7	6	8	2	4
4	7	2	1	5	8	3	9	6
2	9	5	7	6		4		8

Puzzle 32

			3	7	4	2		1
4		2	5	6	1	3		7
7	1	3	2	9	8	6	5	4
3	6	7	8	4	2	5	1	
8	2	1	9	5	6	7	4	
9	5	4	7	1	3	8	6	2
2	3			8	9	1	7	
	4	8	1	3		9	2	
1	7				5	4	3	8

Puzzle 33

6	9	7	5	3	8	4	2	1
4	5		1	6	2	9	7	8
1	8	2		9	4			5
8	1	4	6	7	3	2	5	9
	3	5	8	2	9	1	4	6
	6	9	4	1				
9			3	5				2
3	7	6	2	8	1	5	9	4
5	2		9	4				

Puzzle 34

5	2		4	9	6	1	7	8
8	9	1		3		2	6	4
	6	4			1	3	9	5
	7	5			3	9		
2	1	9						3
4	3	8		1	9	7	5	2
1	4	7	9	5	2	8	3	6
3	8	6	1	7	4	5	2	9
9	5	2	3	6	8	4	1	7

Puzzle 35

1	2	9			4	7	3	6
5		3		6	1	2		4
6	8		3	2	7	9	1	5
7	4	1	8		6	3	5	2
3	9	8	7	5	2		4	
	5	6	4	1	3	8	7	9
	6		1		8	5		3
	3	7		4		1	6	8
			6	3	9	4	2	7

Puzzle 36

4	2	7		5			8	
8	6	3		4	1	5	2	
5	9	1		2			4	3
2	1	9	5	7			6	4
7	3	8	6	1	4	2	9	5
6	5	4		9	2		1	
3	4	2	1	6	7			
9	7	6	4	8	5	1	3	2
1	8	5	2	3	9	4	7	6

Puzzle 37

5	7	9		8	6			2
1	2	8			9	4		
6	3	4	5	1	2	9	7	8
3	8	7	2	6	4	5	9	1
2	4			5	1	7	8	3
9	1	5	3	7	8	6	2	4
4	9			2	7	3	5	6
8		3	1	9	5	2	4	7
7	5	2	6					

Puzzle 38

4	3	6	2	8	9	7		5
8	7	2	1	5	6	3	9	4
9	1		3	4	7			
	5	9	6	7	8	4	3	1
7	4	3	9			6		2
6		1	4		3	9	5	7
1	2	8	7				6	
5	9	4	8	6	2	1	7	3
					1	2	4	8

Puzzle 39

1	9	4	3	8	5	6	7	2
8	5	7	6	1	2	3	4	9
	3		7	9		5	8	1
	2	1	5		9	8	3	7
		5		3	1	2	6	4
3	4	8	2	7	6		1	5
4	8			2	7	1	5	6
5	1		4		3	7		8
			1	5	8	4	2	3

Puzzle 40

2	6	4		1		5		
7	5		4		6	1		2
1	3		2	5		7	4	6
3	4	2	8	7	5	6	1	9
6	8	1	9	2	3	4	7	5
5	9	7	1	6	4	2		
9	1	3	5	4	2	8	6	7
8	7	5	6				2	4
4	2	6				9	5	1

Puzzle 41

				1	9	8	6	
		6			3	1	9	
1		9	6		7	5	3	
6	3	5		7	4	9		1
7	1	4		9	5	3		6
2	9	8	1	3	6	7	4	5
		7	3	5	2	6	1	9
3	5	2	9	6	1			8
9	6	1	7	4	8	2	5	3

Puzzle 42

2	6	8	4	5	3		9	1
9	4	1	7	2	8	3	5	6
7	5	3	1	9	6	4	2	8
3	7		6	1	2	5	8	9
8	2	5	9	3		1	6	4
1	9	6		4		2		7
							1	
					1		4	
4	1	2	3	6	9	8	7	5

Puzzle 43

	2	4	1	5	8	3	6	
3	6	8	2	7	9	1	5	4
	1		6	3	4		2	8
8	3	7	9			5	4	2
4	5	1	8	2		6	9	3
6	9	2	3		5		7	1
	8		4	1	6		3	
	4	6	7	8	3		1	5
1	7	3	5	9		4	8	6

Puzzle 44

	8	1	4	6	3	5	2	7
2	7	6	9	8	5	3	4	
5	3	4	2	7	1			8
1		3	8	9	6	2	7	5
	2	9		5	4	8	1	3
8	5	7		1	2			
7		2	5	3	9		8	
3	9	8		4	7		5	2
4		5			8	7	3	9

Puzzle 45

9	3		5	7	1	4	6	2
	4	6	3	8		7		1
1	5	7	2	4	6	3		9
5	2	4	1	9	8	6		3
7		9	6	3		1		5
6		3	7	2		9	4	
8	6	2	9	1	7	5	3	
		5	4					7
4	7	1	8	5	3	2	9	6

Puzzle 46

3	6	5	4	2	8	9	7	1
1	4	2		9		6		8
8	7	9	1	6		4	2	
4	2	3	9	8	1	5	6	7
9	8	6		5		1	4	2
5	1	7	2	4	6			9
6		4	8	7			1	
		1	6	3				4
	3	8	5	1	4		9	6

Puzzle 47

7	1	3	5	4	6	9		8
6	2	9	8	1		5	4	
8	4	5	9	2			1	
2	5			3				9
9	3				5	2	6	1
1	8				9	2	3	7	5
3		8	2	7	4	1	5	6
5	7	2	1	6	9	8	3	4
4	6	1	3	5	8	7	9	2

Puzzle 48

3	5	4	2	8	9	1	7	6
2	1	7	4	3	6			8
8	6	9	7		1	3	4	2
1	9		6	7		8	3	
4				9	3		6	1
6	3			1				7
7	8	1	9	4	5	6	2	3
9	2	3	1	6	7		8	
5	4	6	3	2	8	7	1	9

Puzzle 49

2	6	7	4	5		3	8	
3	8	4	7	6			5	
1	9	5	3	2	8	4	6	7
6	7	1	2	8	4	5	9	3
	2	3	9	7	5	6	1	4
5		9	1	3	6	7	2	8
9					7	2		
4	1	2	6	9	3	8	7	5
7					2			

Puzzle 50

		9	2	3	6	4	8	5
3		2	9	5	8	1	6	
5				1	7	2	3	9
8	5				4	3		2
6	2	7	3	9	1	5	4	8
	9	3	5	8	2	6	7	1
		4	8	6	5	9	2	3
2	3	8		4	9	7		6
9						8	1	4

Puzzle 51

9	2	7	1	4	3	8	5	6
3	8	5		9		1	4	7
	4		7	5	8	9	3	2
	7		3	2	4	6	9	5
4	9	3	5	6	7	2	8	1
5	6	2	9	8	1	4	7	3
7	3			1		5	2	
	5			3		7	1	
2	1		4	7	5			8

Puzzle 52

3		5	1	9	6			
6	9	1	4	8	7	2	3	5
7	4	8	3		2	6	1	9
		6	8	7	9	3	4	1
1	7	4	5	6	3			2
9	8		2	4	1	5		
5	1		6	3	4			
4	6	9	7	2	8	1	5	3
8	3		9			4		

Puzzle 53

3	1	9		7			6	5
8	4	6	3	9	5	7	2	
				4	6	9	3	8
1	9	3	4		7	5	8	
4	8	2	5	6	1		7	
6		5	9	8		2	1	4
2	5		6		9	1	4	7
7	6	1	2	5	4		9	
9	3	4		1	8	6		

Puzzle 54

6	3	1		5			2	9
		2		4	1	5	6	7
4	7	5		9	2	1	3	8
1	4		5	2		8	9	3
2		9	4		3	7		1
5	8	3	9	1		2		6
9			1		5	3		
3	5		8	7	4	9	1	2
7	1	4	2	3	9	6	8	5

Puzzle 55

9	7	8	4	6	5	1	2	3
4	6	2	1	3	9		7	
3	1	5	2	8	7	6	9	4
7	4	1	8	5	3		6	9
6	5	9	7	2	4	3	8	1
8	2	3	9	1	6			7
5		6	3				4	2
2				9	8	7	1	6
1				4			3	

Puzzle 56

	6	3	7			9	4	1
	1	4	9	3		6	7	8
9	7	8	1	6	4	5	3	2
7	9	6	4			8	2	3
3	2	1				4	9	5
4	8	5	2	9	3	7	1	6
6	3	2	5	4	9	1	8	7
8	5	9	3			2	6	
	4	7				3	5	9

Puzzle 57

	3	2	4	5	7	8	1	9
4	7	9	1	2	8	3	5	6
5	1	8	3	6	9	7		4
7	8	6		9	5			
2	4	5	8	1	3	6	9	7
3	9	1	7	4	6	5	8	2
1		7	9	8				
9				3			7	8
8		3		7		9		

Puzzle 58

1	3	5	8		2			
2		9	4		3	1	5	8
	4	8	1	5	9		3	2
	5	3		8		2	6	1
		2	6	1	5		9	3
9	1	6	3	2		8		5
3	2	4	7	9	8	5	1	6
5	9	1	2	4	6	3	8	7
		7	5	3	1	9		

Puzzle 59

9	8	3	5	7	4	2	6	1
2	7	1	8	6	9	3	4	5
4	6	5	2	1	3	8	9	7
	3	4	1	5		9	2	8
		8	9	3		6	5	4
		9	4	8		7	1	3
	9	2	7	4	1	5		
		7	6	9	5			2
		6	3	2	8		7	9

Puzzle 60

	8	4	6	5	7	9	1	
7	9	1	4	2	3		5	6
6	3	5		8		4	7	
9	7		3	1	5		4	
5	4	3	8	6	2	1	9	
8			7	9	4		3	5
1		9		7	8	3	2	4
3	2		1	4	6	5	8	9
4	5		2	3	9	7	6	1

Puzzle 61

9	4		3	1	7		2	
			2		4	9	7	3
3	7	2			8		1	4
8	3					2	9	7
2				7	3		6	5
6	5	7	8	2	9	3	4	1
5	1	3	9	4	2	7		6
7	2	8	1	3	6	4	5	9
4	6	9	7	8	5	1	3	2

Puzzle 62

5	9	6	2			4		1
4		2	8		6	3	5	7
8	7	3	5		4	2	9	6
1	3	4	9	2	7	8	6	5
6	5	9	4	8	1	7	2	3
2	8	7				1	4	
		8		4	9	5	1	2
	2	5	1	6		9	3	
9	4	1		5	2	6	7	8

Puzzle 63

8	3	6	4	7			1	9
7	5	9	1	8	2	6	4	3
			9	6	3	7	8	5
5	1		7		6	9	3	8
9		7	3		8	5	1	6
3	6	8	5	9		4	2	
6	9		8	1	7			4
2	8	1	6	5	4	3		9
4	7		2	3		8		1

Puzzle 64

4		1	2	5				9
		5	9	4		2		1
2		9	1	6				
1	4	8	3	9	5	6	2	7
3	5	7	6	2	1	8	9	4
9	2	6	7	8	4		1	
5	1	2		3	9			6
6	9	4	5	7	2	1	3	8
		3	4	1	6	9	5	2

Puzzle 65

9	6	4	2	8	1	7	5	3
1	2	3	5	6	7	4	8	9
5	8	7	9	3	4	1	2	6
6	9	1	4	7	2		3	
4	5	8	3	1	6	2	9	7
7	3	2	8	5	9	6	1	4
2	4	5	7	9	8	3	6	1

Puzzle 66

3	8	6	9	2	4	5	7	1
7	2	5	6	8	1	3	4	9
4	1	9	3	7	5	6	2	8
		1	8			4	3	
		3	4	1			8	
2	4	8	5	3	7	1	9	6
8	3	4	1					
1	9	7	2		3	8		4
		2	7	4	8	9	1	3

Puzzle 67

8	7	1	5	6	4	9	3	2
6	4	3	9	8	2		5	
9	5	2	1	7	3	6	8	4
7	6	5	4	2	9	8	1	3
1	2	8	3	5	7	4	9	6
3	9	4	6	1	8	2	7	5
		6			1			
2				4	5	3	6	
					6			

Puzzle 68

7	3	9	6	1				4
1	8	5	4	3	2			
6	2		7	8	9	5	1	
5	1	7		6	4	9		8
3	9	2	1	7		4	6	5
8			9	5	3		7	1
	7	8	3	4	1	6	5	2
4	6	3	5	2	7	1	8	
2	5		8		6	3	4	7

Puzzle 69

4	8			7	2		5	
2	7	5		9	6		4	8
1	9		5	4	8		7	2
3	1		2		5	7	9	
7				3	9	2	1	
9	6	2	7	1	4	8	3	5
8	2	7	4	5	1		6	
5	3	9			7	4	2	1
6	4	1	9	2	3	5	8	7

Puzzle 70

	8	3	1			6	9	2
4	9		8	2	6	1	5	
	6	1		5	3	4	7	8
3	7	9	2		4	8		5
8	4	6	3	7			2	1
		5	6	9	8	3	4	7
6	5	4	7		1	2	3	
7	1	2	4	3	9		8	
9	3	8	5	6	2	7	1	4

Puzzle 71

9	3	8	2	6	4		5	
4		6	8	5		3	2	9
2		5		3		8	4	
7	2	1	3	4	5	6	9	8
5	9	3	6	8			1	4
8	6	4		1		5	3	
	5	7	4		3		8	
	8	9	5	2	6	4	7	3
3	4	2	1	7	8	9	6	5

Puzzle 72

5	9	4	2	1	7	8	3	6
6	2	1	9	3	8	7	5	4
3	7	8	5	4	6	1	2	9
7	4	5	6	8	2	3	9	1
1	3	9				2	6	8
8	6	2	1	9	3	4	7	5
9	5	7	8	2	1	6	4	3
	1						8	
	8						1	

Puzzle 73

1	9		3	7				5
3	5			6	9			1
8	6		1	5	4	9		3
4	7			3		5		9
2	3	5	7	9	6	1	4	8
9	8		5	4			3	7
6	1	3	9	2	7	8	5	4
5	4	9	6	8	3	7	1	2
7	2	8	4	1	5	3	9	6

Puzzle 74

5		4		9		6		2
6	3	9	7	5		8	1	4
1	2			4	8	5	3	9
3	5		8		9	7	4	
8	9	6		7	4	1		3
4	7							8
2	4	5	9	8	7	3	6	1
9	1	3	4	6	5	2	8	7
7	6	8				4	9	5

Puzzle 75

5	7	8	9	1	3	6	2	4
4	1	3	2	6	7	5	9	8
9	2	6		5				7
	3	7	5		9	1		6
	9	1	3	7		2		5
	5	4	1			7	3	9
7	4	2	6		1		5	3
1	8	9	7	3	5	4	6	2
3	6	5					7	1

Puzzle 76

7		2		6			8	5
		3		2	5			7
5		1	8	9	7		3	2
2	1	6	7	3	9	5	4	8
3	5	9	6	4	8	7	2	1
		7	2	5	1			3
9	2			7		8	1	6
6	7	8	9	1	2	3	5	4
1	3	4	5	8		2		9

Puzzle 77

3		4	1	8	5	6	9	7
5	9	1		7	3	8	4	2
7	8	6	2	9	4		1	
8	6		5	2	9	4	3	1
1	5	9	4	3	6	2	7	8
2	4	3	8	1	7	9	5	6
	3	5	7		8	1	2	
	7	2			1		8	
	1	8			2	7	6	

Puzzle 78

7	3	8		5	4	9	2	1
1	4		7	2	9		6	8
9	2	6	3	8	1	4	7	5
5	7		4	9	3	6		2
	9	4	1	6			5	3
6	8		2	7		1		4
8	1		9	3	6	5	4	7
4	6		5	1	2	8		9
			8	4		2	1	

Puzzle 79

	6	8		9	4	5	1	2
9	5	4		1	7	8	3	6
2	3	1	6	5	8	9	7	4
4	9	2		3	5	7		8
6	1		7	8	9	2	4	5
	8	7		2	6	3	9	1
1		5	9	4	2	6	8	3
8	4				3	1	2	
	2		8		1	4	5	

Puzzle 80

7	1	6	4	2	5	8	3	9
8	4	3	7	9	6	5	1	2
5	9	2		1	3	7	4	
6	3	1	2	8	7	9	5	4
4	5	7	6	3	9	2	8	1
2	8		1	5	4		7	3
3	7		9	6			2	
9	2						6	
1	6				2		9	

Puzzle 81

	1			4	8		9	
8	5		9	3	2		4	1
4		2		1	7	5	3	8
6	3	8	1	5	4	9	2	7
2	7	9	8	6	3	1	5	4
5	4	1	2	7	9		8	
	8	5	7	2	1	4	6	
1	2	4	3	9	6	8	7	5
	6		4	8	5		1	

Puzzle 82

6	9	7	5	8		4	3	2
	8	1	6	4	2	5	7	
2	4				3	6	1	8
7	2	3	4	5	9			
8	5	6	1	3	7	2	9	4
9	1	4	2	6	8	7		3
1	7	9	8	2	4	3	6	5
	3	2				8	4	
4			3		5			

Puzzle 83

			7		5	3	8	1
1			8				9	7
5	8	7	3	9	1	4		6
7	2	1	5	3	9	6	4	8
3	5	8	2	4	6	1	7	9
	9		1	7	8	2	5	3
	1		4	8	3	7	6	5
			9	5	7	8	1	2
8	7	5	6	1	2	9	3	4

Puzzle 84

6	9		1	5	8		3	2
8	3	2		7		1		5
5	4	1	3	2	9	6	7	
3	7		8	6		5		1
	1	8	5	3	7	2	6	
2	5	6	9	4	1	7	8	3
7		5		9	3			
		4	7	1	5	3	2	6
1		3		8		9	5	7

Puzzle 85

9		4		8	6	7	5	
3	6		2	9	7	1		4
		7			5	9	6	
				6	3	2		1
	3	1	9	5	2	8	4	
6	4	2	7	1	8	3	9	5
4	9	6	8	3	1	5	2	7
1	7	8	5	2	4	6	3	9
		3	6	7	9	4	1	8

Puzzle 86

6	8	5	7	9	2	3	4	1
2			1	4	3	5	6	8
3			5	6	8	7	2	9
1				2	5	6	7	4
5	6	2	4	7	1	8	9	3
				3	6	2	1	5
9			6	5	7	4	8	2
	5		2	1	4	9	3	
	2		3	8	9	1	5	

Puzzle 87

6	2	9	3	1	7	4	5	8
1	8					7	3	2
3	7		8			1	6	9
2	6	3	5	7	4	8	9	1
9	4	1			8	3	7	5
8	5	7		3		6	2	4
5	1	2	7	8	3	9	4	6
4	3	8			6		1	7
7	9	6					8	3

Puzzle 88

2	9	3	8	7	5	6	4	1
4		5		2	6	9	7	3
	7	6	9	4	3	5	2	8
7	2		4	6	9	8	3	5
8		4	2		1		6	9
		9	7		8	4	1	2
6	1	7	5	9	2	3	8	
		8	6	1	4			
				8	7	1	5	6

Puzzle 89

7	8	2	6	3	9	4	1	5
6	9		5			8	2	
5		4	2			6	9	
4	2	9	3		5	7	8	1
1	6	5	9			3	4	2
3	7	8		2			6	9
2	5	6			3	9	7	8
	4	7		5	2	1		6
8			7	9	6	2	5	4

Puzzle 90

7	6	2	3	8	9	4	1	5
	9	1		4				
	4			1				9
	7	4	9	5		2	6	1
6	5		1	2		9	4	7
2	1	9	7	6	4	8	5	3
9	8	6	2	7	1	5	3	4
4		7	8	3	5	1	9	6
1	3	5	4	9		7		

Puzzle 91

	2	4	9		7	6		
7		5	6			2	9	3
9		6		3			7	2
2	4	3	7	6	9	1	5	8
8	9	7	2			3	4	6
5	6	1			3	2	7	9
4	7		1		8	5	6	3
6	3	9	5	2	4	8	1	7
1	5	8	3	7	6		9	2

Puzzle 92

7	4	2	1	6		3		8
5	9	3	2	8	7	1	6	
8	1	6	3	4	9	2	7	5
	7	4		2		9	5	
	8	5	7	9		4	2	
6	2	9	5	3	4	8	1	7
4	5			7	2	6	3	
2	3			5		7	4	
9	6	7	4	1	3	5	8	2

Puzzle 93

1	6		4	7	5	3	2	8
4	8		3	1	2	5	9	6
5		2				7	1	4
2			9	4	1	6		3
3	9	8	7	2	6	1	4	5
6	4	1	8	5		2		9
7	5	3	2			4	6	1
8		4	5	6	7		3	2
		2	6		3	8	5	

Puzzle 94

5	4	2	7			3	9	1
7	3	6	1	9	2			
9		8		5		2	6	7
		9	6	1		8		2
8		1		2		6		4
2		3	8	4	5	7	1	9
6	2	4	5	8		9	7	3
3	9	5	2	7	6	1	4	8
1	8	7		3		5	2	6

Puzzle 95

3	4		2		5	8	7	9
	9	5	8		7	4		3
7	8	2	3	4	9	6	5	
2	3	4	1	5	8	7	9	6
	5		7	9	3	2	8	4
9		8	4	2	6	1	3	5
5	2	7		3	1	9	4	
8	1	9		7	4		6	2
4			9					7

Puzzle 96

7	8	3	9	4	5	2	6	1
1	6	9	2	8	7	5	3	4
2	4	5	6				9	8
8			3					
4	9	2	8	5	6	1	7	3
5	3	6	1	7	4	8		9
		8	7					
3	2	4	5	6	8	9	1	7
6	5	7	4			3	8	2

Puzzle 97

5	6		1	2		8		9
2	3	9	7	5		1	6	4
8			3			7	5	2
7	9	5	4			2		6
1	4	3	6	8	2	9	7	5
6	8		9	7	5		1	3
		6	8	4	9	5	2	1
4		1		3	7	6	9	8
9		8		6	1	3	4	7

Puzzle 98

6	3	8	2				7	1
5	9	7	1	4	8	2	3	6
2	1		6	7	3	5	8	9
8	2		3			1	4	7
4			7	6	1	9	2	8
	7	1	4		2	6		3
3	6	2			7	8	9	4
	4		8	2	6	3	1	5
	8			3			6	2

Puzzle 99

3			9	7	6	2		
6	9			2	1	7	4	
	1	2	8	4	5	9	6	3
		4	5	8	9	3		6
5			7	3	2	4		
8		3	1	6	4	5		9
2	8	1	4	5	3			
9	3	6	2	1	7	8	5	4
4	5	7	6	9	8	1	3	2

Puzzle 100

4	9	5	1	8	7	3	6	2
				9		8	5	1
	8	6		3	2		7	9
5			3	7	1			4
8	1	7	2	6		5	9	3
3	4	2	9	5	8	6	1	
			8	1	3	9	2	5
2	5	1		4	9		3	8
9	3		7	2	5	1	4	6

Solutions

Puzzle 1

2	3	9	4	1	8	7	5	6
1	8	5	6	7	3	4	2	9
7	6	4	2	5	9	1	8	3
4	5	3	1	8	7	9	6	2
6	9	7	5	4	2	3	1	8
8	1	2	9	3	6	5	7	4
3	7	1	8	2	4	6	9	5
5	2	6	3	9	1	8	4	7
9	4	8	7	6	5	2	3	1

Puzzle 2

8	3	1	6	5	9	4	2	7
5	4	9	2	8	7	3	6	1
6	2	7	4	1	3	8	5	9
4	8	2	1	7	6	5	9	3
3	7	5	9	4	8	6	1	2
9	1	6	5	3	2	7	8	4
7	5	3	8	2	1	9	4	6
1	9	8	3	6	4	2	7	5
2	6	4	7	9	5	1	3	8

Puzzle 3

1	6	4	9	5	8	7	3	2
9	7	2	6	4	3	1	8	5
3	8	5	1	2	7	4	9	6
4	2	8	7	1	6	9	5	3
6	3	1	8	9	5	2	7	4
7	5	9	4	3	2	6	1	8
5	4	6	3	7	9	8	2	1
2	1	7	5	8	4	3	6	9
8	9	3	2	6	1	5	4	7

Puzzle 4

2	4	5	7	1	9	8	3	6
1	3	9	2	6	8	5	7	4
8	7	6	3	5	4	9	2	1
4	5	1	8	2	7	3	6	9
9	6	2	4	3	5	1	8	7
3	8	7	6	9	1	4	5	2
7	9	8	5	4	6	2	1	3
6	2	4	1	8	3	7	9	5
5	1	3	9	7	2	6	4	8

Puzzle 5

6	1	4	7	8	9	3	2	5
8	9	5	2	3	4	1	7	6
7	3	2	5	6	1	8	4	9
3	6	1	8	5	7	2	9	4
9	2	8	6	4	3	5	1	7
4	5	7	1	9	2	6	8	3
1	8	3	4	7	6	9	5	2
2	4	6	9	1	5	7	3	8
5	7	9	3	2	8	4	6	1

Puzzle 6

2	1	5	6	4	7	9	3	8
3	4	7	1	8	9	2	6	5
8	6	9	5	2	3	1	4	7
6	7	2	9	1	4	5	8	3
9	5	3	2	6	8	4	7	1
4	8	1	3	7	5	6	9	2
1	2	4	8	3	6	7	5	9
5	3	6	7	9	2	8	1	4
7	9	8	4	5	1	3	2	6

Puzzle 7

3	4	1	9	2	8	5	7	6
5	7	2	3	6	4	9	1	8
8	9	6	5	7	1	3	2	4
6	1	7	8	9	5	2	4	3
4	2	5	6	1	3	7	8	9
9	3	8	2	4	7	1	6	5
2	6	4	1	5	9	8	3	7
1	8	9	7	3	6	4	5	2
7	5	3	4	8	2	6	9	1

Puzzle 8

1	4	9	7	6	3	2	8	5
3	5	7	8	2	4	9	1	6
2	8	6	5	1	9	7	3	4
6	2	5	9	8	7	1	4	3
4	3	1	2	5	6	8	7	9
9	7	8	3	4	1	5	6	2
7	9	2	4	3	8	6	5	1
5	1	4	6	7	2	3	9	8
8	6	3	1	9	5	4	2	7

Puzzle 9

7	8	5	3	9	6	1	2	4
1	6	4	8	7	2	9	5	3
9	2	3	5	1	4	6	7	8
8	4	9	6	3	7	5	1	2
2	5	7	1	4	8	3	9	6
6	3	1	2	5	9	8	4	7
4	9	6	7	8	5	2	3	1
3	7	8	9	2	1	4	6	5
5	1	2	4	6	3	7	8	9

Puzzle 10

3	1	8	7	5	9	4	2	6
6	2	4	1	3	8	9	5	7
5	9	7	2	6	4	1	8	3
7	8	2	3	4	6	5	9	1
1	5	6	9	7	2	3	4	8
4	3	9	8	1	5	7	6	2
9	6	1	5	2	7	8	3	4
2	7	5	4	8	3	6	1	9
8	4	3	6	9	1	2	7	5

Puzzle 11

3	1	2	9	5	7	4	8	6
5	6	8	4	1	3	9	2	7
7	4	9	6	2	8	5	3	1
6	7	4	3	9	5	8	1	2
9	2	3	8	4	1	7	6	5
1	8	5	2	7	6	3	9	4
8	3	7	1	6	4	2	5	9
2	5	6	7	8	9	1	4	3
4	9	1	5	3	2	6	7	8

Puzzle 12

5	3	2	8	9	6	7	4	1
9	4	8	3	1	7	6	2	5
1	6	7	2	5	4	3	8	9
6	7	1	4	3	2	9	5	8
3	5	9	7	8	1	2	6	4
8	2	4	9	6	5	1	3	7
7	9	5	6	4	3	8	1	2
2	1	6	5	7	8	4	9	3
4	8	3	1	2	9	5	7	6

Puzzle 13

4	7	8	6	9	2	5	1	3
6	2	1	3	4	5	7	8	9
3	9	5	8	7	1	4	6	2
8	6	4	7	5	3	2	9	1
7	1	2	9	8	4	3	5	6
5	3	9	1	2	6	8	4	7
2	8	6	5	1	7	9	3	4
9	4	3	2	6	8	1	7	5
1	5	7	4	3	9	6	2	8

Puzzle 14

8	1	5	6	3	9	4	7	2
6	4	7	2	8	1	3	5	9
2	9	3	5	7	4	1	6	8
4	5	2	3	1	6	9	8	7
1	8	9	4	2	7	6	3	5
3	7	6	8	9	5	2	4	1
7	6	4	1	5	2	8	9	3
9	2	8	7	4	3	5	1	6
5	3	1	9	6	8	7	2	4

Puzzle 15

2	1	3	9	8	4	6	5	7
4	6	5	2	1	7	9	3	8
9	8	7	6	3	5	2	1	4
7	3	9	8	4	6	5	2	1
8	2	4	1	5	3	7	9	6
1	5	6	7	2	9	8	4	3
3	9	8	5	6	1	4	7	2
5	4	2	3	7	8	1	6	9
6	7	1	4	9	2	3	8	5

Puzzle 16

1	2	7	4	8	6	9	3	5
8	9	5	7	2	3	6	1	4
3	4	6	5	9	1	7	8	2
6	3	4	1	5	7	8	2	9
9	1	2	6	4	8	3	5	7
5	7	8	2	3	9	1	4	6
4	8	3	9	7	2	5	6	1
7	5	1	3	6	4	2	9	8
2	6	9	8	1	5	4	7	3

Puzzle 17

8	1	2	4	6	7	3	9	5
9	7	5	2	3	1	6	8	4
4	6	3	9	5	8	1	7	2
1	5	6	7	9	2	4	3	8
3	4	7	5	8	6	2	1	9
2	8	9	1	4	3	5	6	7
7	9	1	3	2	5	8	4	6
5	3	8	6	7	4	9	2	1
6	2	4	8	1	9	7	5	3

Puzzle 18

2	5	8	3	6	4	7	1	9
4	7	1	5	9	8	6	3	2
6	9	3	1	7	2	4	5	8
8	6	2	7	4	1	5	9	3
3	4	5	6	8	9	2	7	1
9	1	7	2	3	5	8	6	4
7	8	4	9	1	6	3	2	5
5	3	9	4	2	7	1	8	6
1	2	6	8	5	3	9	4	7

Puzzle 19

3	2	4	7	5	8	6	1	9
9	5	7	6	1	2	4	8	3
8	1	6	3	9	4	5	7	2
1	3	8	5	4	7	9	2	6
7	4	9	8	2	6	3	5	1
2	6	5	9	3	1	8	4	7
5	9	1	2	8	3	7	6	4
6	8	2	4	7	9	1	3	5
4	7	3	1	6	5	2	9	8

Puzzle 20

3	9	8	6	4	2	7	5	1
4	7	2	1	5	8	3	6	9
6	5	1	9	3	7	8	4	2
9	3	4	7	8	5	1	2	6
8	6	7	2	9	1	5	3	4
2	1	5	3	6	4	9	8	7
5	2	9	4	1	3	6	7	8
7	8	6	5	2	9	4	1	3
1	4	3	8	7	6	2	9	5

Puzzle 21

4	7	8	1	2	6	9	3	5
3	1	2	4	5	9	6	7	8
5	9	6	3	7	8	1	2	4
7	3	5	9	1	4	2	8	6
8	2	1	7	6	5	4	9	3
6	4	9	2	8	3	5	1	7
9	8	7	5	4	1	3	6	2
1	6	4	8	3	2	7	5	9
2	5	3	6	9	7	8	4	1

Puzzle 22

1	7	6	2	8	9	5	3	4
5	3	2	6	4	1	7	9	8
4	8	9	5	7	3	2	6	1
6	5	7	1	3	4	9	8	2
3	2	1	9	6	8	4	5	7
9	4	8	7	2	5	3	1	6
8	1	5	4	9	2	6	7	3
2	6	3	8	5	7	1	4	9
7	9	4	3	1	6	8	2	5

Puzzle 23

2	3	9	6	8	1	4	5	7
5	6	8	7	9	4	2	1	3
1	7	4	5	2	3	8	6	9
9	2	3	4	1	8	5	7	6
7	5	1	9	6	2	3	4	8
8	4	6	3	5	7	1	9	2
4	1	7	2	3	6	9	8	5
3	8	5	1	7	9	6	2	4
6	9	2	8	4	5	7	3	1

Puzzle 24

4	1	3	5	9	6	7	8	2
8	9	6	1	2	7	3	4	5
2	7	5	3	8	4	9	6	1
6	5	1	4	3	8	2	9	7
3	4	2	7	1	9	8	5	6
7	8	9	6	5	2	4	1	3
1	6	4	8	7	3	5	2	9
9	3	8	2	6	5	1	7	4
5	2	7	9	4	1	6	3	8

Puzzle 25

3	8	1	7	6	4	5	2	9
6	2	7	9	5	1	8	4	3
5	4	9	2	8	3	1	6	7
4	3	6	8	1	5	7	9	2
8	9	5	6	7	2	3	1	4
1	7	2	3	4	9	6	5	8
2	5	4	1	3	7	9	8	6
9	6	3	5	2	8	4	7	1
7	1	8	4	9	6	2	3	5

Puzzle 26

7	8	3	4	5	2	1	9	6
2	1	4	8	6	9	7	3	5
5	6	9	3	1	7	2	4	8
3	4	5	1	7	6	9	8	2
6	7	2	5	9	8	3	1	4
1	9	8	2	3	4	6	5	7
4	3	7	9	2	5	8	6	1
8	2	1	6	4	3	5	7	9
9	5	6	7	8	1	4	2	3

Puzzle 27

2	8	5	1	6	7	3	4	9
4	9	6	2	8	3	7	1	5
7	3	1	5	4	9	2	6	8
1	2	4	8	3	6	9	5	7
9	5	7	4	2	1	8	3	6
3	6	8	7	9	5	4	2	1
6	7	3	9	1	4	5	8	2
8	4	9	6	5	2	1	7	3
5	1	2	3	7	8	6	9	4

Puzzle 28

7	9	5	8	1	3	2	4	6
3	6	8	4	5	2	7	9	1
1	2	4	9	6	7	5	3	8
9	5	2	6	8	4	1	7	3
8	3	1	5	7	9	6	2	4
6	4	7	2	3	1	8	5	9
4	8	6	3	2	5	9	1	7
5	7	3	1	9	6	4	8	2
2	1	9	7	4	8	3	6	5

Puzzle 29

8	4	1	7	6	9	3	5	2
7	2	9	8	5	3	4	1	6
3	5	6	2	4	1	9	7	8
9	6	8	3	1	5	7	2	4
1	3	4	6	7	2	5	8	9
5	7	2	4	9	8	6	3	1
2	9	7	5	8	6	1	4	3
6	8	5	1	3	4	2	9	7
4	1	3	9	2	7	8	6	5

Puzzle 30

7	2	9	4	5	6	3	1	8
4	1	8	2	3	9	7	6	5
3	5	6	1	7	8	4	9	2
9	6	1	7	2	5	8	4	3
5	4	2	8	6	3	9	7	1
8	3	7	9	1	4	5	2	6
2	8	4	5	9	1	6	3	7
6	7	5	3	4	2	1	8	9
1	9	3	6	8	7	2	5	4

Puzzle 31

5	3	4	8	1	9	6	7	2
7	1	8	6	3	2	9	4	5
6	2	9	5	4	7	1	8	3
8	6	3	9	2	4	7	5	1
9	5	1	3	7	6	8	2	4
4	7	2	1	5	8	3	9	6
2	9	5	7	6	1	4	3	8
1	4	7	2	8	3	5	6	9
3	8	6	4	9	5	2	1	7

Puzzle 32

5	8	6	3	7	4	2	9	1
4	9	2	5	6	1	3	8	7
7	1	3	2	9	8	6	5	4
3	6	7	8	4	2	5	1	9
8	2	1	9	5	6	7	4	3
9	5	4	7	1	3	8	6	2
2	3	5	4	8	9	1	7	6
6	4	8	1	3	7	9	2	5
1	7	9	6	2	5	4	3	8

Puzzle 33

6	9	7	5	3	8	4	2	1
4	5	3	1	6	2	9	7	8
1	8	2	7	9	4	3	6	5
8	1	4	6	7	3	2	5	9
7	3	5	8	2	9	1	4	6
2	6	9	4	1	5	7	8	3
9	4	8	3	5	7	6	1	2
3	7	6	2	8	1	5	9	4
5	2	1	9	4	6	8	3	7

Puzzle 34

5	2	3	4	9	6	1	7	8
8	9	1	5	3	7	2	6	4
7	6	4	2	8	1	3	9	5
6	7	5	8	2	3	9	4	1
2	1	9	7	4	5	6	8	3
4	3	8	6	1	9	7	5	2
1	4	7	9	5	2	8	3	6
3	8	6	1	7	4	5	2	9
9	5	2	3	6	8	4	1	7

Puzzle 35

1	2	9	5	8	4	7	3	6
5	7	3	9	6	1	2	8	4
6	8	4	3	2	7	9	1	5
7	4	1	8	9	6	3	5	2
3	9	8	7	5	2	6	4	1
2	5	6	4	1	3	8	7	9
4	6	2	1	7	8	5	9	3
9	3	7	2	4	5	1	6	8
8	1	5	6	3	9	4	2	7

Puzzle 36

4	2	7	9	5	3	6	8	1
8	6	3	7	4	1	5	2	9
5	9	1	8	2	6	7	4	3
2	1	9	5	7	8	3	6	4
7	3	8	6	1	4	2	9	5
6	5	4	3	9	2	8	1	7
3	4	2	1	6	7	9	5	8
9	7	6	4	8	5	1	3	2
1	8	5	2	3	9	4	7	6

Puzzle 37

5	7	9	4	8	6	1	3	2
1	2	8	7	3	9	4	6	5
6	3	4	5	1	2	9	7	8
3	8	7	2	6	4	5	9	1
2	4	6	9	5	1	7	8	3
9	1	5	3	7	8	6	2	4
4	9	1	8	2	7	3	5	6
8	6	3	1	9	5	2	4	7
7	5	2	6	4	3	8	1	9

Puzzle 38

4	3	6	2	8	9	7	1	5
8	7	2	1	5	6	3	9	4
9	1	5	3	4	7	8	2	6
2	5	9	6	7	8	4	3	1
7	4	3	9	1	5	6	8	2
6	8	1	4	2	3	9	5	7
1	2	8	7	3	4	5	6	9
5	9	4	8	6	2	1	7	3
3	6	7	5	9	1	2	4	8

Puzzle 39

1	9	4	3	8	5	6	7	2
8	5	7	6	1	2	3	4	9
2	3	6	7	9	4	5	8	1
6	2	1	5	4	9	8	3	7
9	7	5	8	3	1	2	6	4
3	4	8	2	7	6	9	1	5
4	8	3	9	2	7	1	5	6
5	1	2	4	6	3	7	9	8
7	6	9	1	5	8	4	2	3

Puzzle 40

2	6	4	3	1	7	5	9	8
7	5	9	4	8	6	1	3	2
1	3	8	2	5	9	7	4	6
3	4	2	8	7	5	6	1	9
6	8	1	9	2	3	4	7	5
5	9	7	1	6	4	2	8	3
9	1	3	5	4	2	8	6	7
8	7	5	6	9	1	3	2	4
4	2	6	7	3	8	9	5	1

Puzzle 41

4	2	3	5	1	9	8	6	7
5	7	6	4	8	3	1	9	2
1	8	9	6	2	7	5	3	4
6	3	5	2	7	4	9	8	1
7	1	4	8	9	5	3	2	6
2	9	8	1	3	6	7	4	5
8	4	7	3	5	2	6	1	9
3	5	2	9	6	1	4	7	8
9	6	1	7	4	8	2	5	3

Puzzle 42

2	6	8	4	5	3	7	9	1
9	4	1	7	2	8	3	5	6
7	5	3	1	9	6	4	2	8
3	7	4	6	1	2	5	8	9
8	2	5	9	3	7	1	6	4
1	9	6	8	4	5	2	3	7
5	8	9	2	7	4	6	1	3
6	3	7	5	8	1	9	4	2
4	1	2	3	6	9	8	7	5

Puzzle 43

7	2	4	1	5	8	3	6	9
3	6	8	2	7	9	1	5	4
5	1	9	6	3	4	7	2	8
8	3	7	9	6	1	5	4	2
4	5	1	8	2	7	6	9	3
6	9	2	3	4	5	8	7	1
2	8	5	4	1	6	9	3	7
9	4	6	7	8	3	2	1	5
1	7	3	5	9	2	4	8	6

Puzzle 44

9	8	1	4	6	3	5	2	7
2	7	6	9	8	5	3	4	1
5	3	4	2	7	1	6	9	8
1	4	3	8	9	6	2	7	5
6	2	9	7	5	4	8	1	3
8	5	7	3	1	2	9	6	4
7	1	2	5	3	9	4	8	6
3	9	8	6	4	7	1	5	2
4	6	5	1	2	8	7	3	9

Puzzle 45

9	3	8	5	7	1	4	6	2
2	4	6	3	8	9	7	5	1
1	5	7	2	4	6	3	8	9
5	2	4	1	9	8	6	7	3
7	8	9	6	3	4	1	2	5
6	1	3	7	2	5	9	4	8
8	6	2	9	1	7	5	3	4
3	9	5	4	6	2	8	1	7
4	7	1	8	5	3	2	9	6

Puzzle 46

3	6	5	4	2	8	9	7	1
1	4	2	3	9	7	6	5	8
8	7	9	1	6	5	4	2	3
4	2	3	9	8	1	5	6	7
9	8	6	7	5	3	1	4	2
5	1	7	2	4	6	8	3	9
6	9	4	8	7	2	3	1	5
2	5	1	6	3	9	7	8	4
7	3	8	5	1	4	2	9	6

Puzzle 47

7	1	3	5	4	6	9	2	8
6	2	9	8	1	3	5	4	7
8	4	5	9	2	7	6	1	3
2	5	6	7	3	1	4	8	9
9	3	7	4	8	5	2	6	1
1	8	4	6	9	2	3	7	5
3	9	8	2	7	4	1	5	6
5	7	2	1	6	9	8	3	4
4	6	1	3	5	8	7	9	2

Puzzle 48

3	5	4	2	8	9	1	7	6
2	1	7	4	3	6	5	9	8
8	6	9	7	5	1	3	4	2
1	9	5	6	7	2	8	3	4
4	7	8	5	9	3	2	6	1
6	3	2	8	1	4	9	5	7
7	8	1	9	4	5	6	2	3
9	2	3	1	6	7	4	8	5
5	4	6	3	2	8	7	1	9

Puzzle 49

2	6	7	4	5	1	3	8	9
3	8	4	7	6	9	1	5	2
1	9	5	3	2	8	4	6	7
6	7	1	2	8	4	5	9	3
8	2	3	9	7	5	6	1	4
5	4	9	1	3	6	7	2	8
9	3	8	5	1	7	2	4	6
4	1	2	6	9	3	8	7	5
7	5	6	8	4	2	9	3	1

Puzzle 50

1	7	9	2	3	6	4	8	5
3	4	2	9	5	8	1	6	7
5	8	6	4	1	7	2	3	9
8	5	1	6	7	4	3	9	2
6	2	7	3	9	1	5	4	8
4	9	3	5	8	2	6	7	1
7	1	4	8	6	5	9	2	3
2	3	8	1	4	9	7	5	6
9	6	5	7	2	3	8	1	4

Puzzle 51

9	2	7	1	4	3	8	5	6
3	8	5	2	9	6	1	4	7
1	4	6	7	5	8	9	3	2
8	7	1	3	2	4	6	9	5
4	9	3	5	6	7	2	8	1
5	6	2	9	8	1	4	7	3
7	3	8	6	1	9	5	2	4
6	5	4	8	3	2	7	1	9
2	1	9	4	7	5	3	6	8

Puzzle 52

3	2	5	1	9	6	7	8	4
6	9	1	4	8	7	2	3	5
7	4	8	3	5	2	6	1	9
2	5	6	8	7	9	3	4	1
1	7	4	5	6	3	8	9	2
9	8	3	2	4	1	5	6	7
5	1	2	6	3	4	9	7	8
4	6	9	7	2	8	1	5	3
8	3	7	9	1	5	4	2	6

Puzzle 53

3	1	9	8	7	2	4	6	5
8	4	6	3	9	5	7	2	1
5	2	7	1	4	6	9	3	8
1	9	3	4	2	7	5	8	6
4	8	2	5	6	1	3	7	9
6	7	5	9	8	3	2	1	4
2	5	8	6	3	9	1	4	7
7	6	1	2	5	4	8	9	3
9	3	4	7	1	8	6	5	2

Puzzle 54

6	3	1	7	5	8	4	2	9
8	9	2	3	4	1	5	6	7
4	7	5	6	9	2	1	3	8
1	4	7	5	2	6	8	9	3
2	6	9	4	8	3	7	5	1
5	8	3	9	1	7	2	4	6
9	2	8	1	6	5	3	7	4
3	5	6	8	7	4	9	1	2
7	1	4	2	3	9	6	8	5

Puzzle 55

9	7	8	4	6	5	1	2	3
4	6	2	1	3	9	5	7	8
3	1	5	2	8	7	6	9	4
7	4	1	8	5	3	2	6	9
6	5	9	7	2	4	3	8	1
8	2	3	9	1	6	4	5	7
5	8	6	3	7	1	9	4	2
2	3	4	5	9	8	7	1	6
1	9	7	6	4	2	8	3	5

Puzzle 56

2	6	3	7	5	8	9	4	1
5	1	4	9	3	2	6	7	8
9	7	8	1	6	4	5	3	2
7	9	6	4	1	5	8	2	3
3	2	1	6	8	7	4	9	5
4	8	5	2	9	3	7	1	6
6	3	2	5	4	9	1	8	7
8	5	9	3	7	1	2	6	4
1	4	7	8	2	6	3	5	9

Puzzle 57

6	3	2	4	5	7	8	1	9
4	7	9	1	2	8	3	5	6
5	1	8	3	6	9	7	2	4
7	8	6	2	9	5	1	4	3
2	4	5	8	1	3	6	9	7
3	9	1	7	4	6	5	8	2
1	6	7	9	8	2	4	3	5
9	5	4	6	3	1	2	7	8
8	2	3	5	7	4	9	6	1

Puzzle 58

1	3	5	8	6	2	7	4	9
2	6	9	4	7	3	1	5	8
7	4	8	1	5	9	6	3	2
4	5	3	9	8	7	2	6	1
8	7	2	6	1	5	4	9	3
9	1	6	3	2	4	8	7	5
3	2	4	7	9	8	5	1	6
5	9	1	2	4	6	3	8	7
6	8	7	5	3	1	9	2	4

Puzzle 59

9	8	3	5	7	4	2	6	1
2	7	1	8	6	9	3	4	5
4	6	5	2	1	3	8	9	7
6	3	4	1	5	7	9	2	8
7	1	8	9	3	2	6	5	4
5	2	9	4	8	6	7	1	3
3	9	2	7	4	1	5	8	6
8	4	7	6	9	5	1	3	2
1	5	6	3	2	8	4	7	9

Puzzle 60

2	8	4	6	5	7	9	1	3
7	9	1	4	2	3	8	5	6
6	3	5	9	8	1	4	7	2
9	7	2	3	1	5	6	4	8
5	4	3	8	6	2	1	9	7
8	1	6	7	9	4	2	3	5
1	6	9	5	7	8	3	2	4
3	2	7	1	4	6	5	8	9
4	5	8	2	3	9	7	6	1

Puzzle 61

9	4	5	3	1	7	6	2	8
1	8	6	2	5	4	9	7	3
3	7	2	6	9	8	5	1	4
8	3	4	5	6	1	2	9	7
2	9	1	4	7	3	8	6	5
6	5	7	8	2	9	3	4	1
5	1	3	9	4	2	7	8	6
7	2	8	1	3	6	4	5	9
4	6	9	7	8	5	1	3	2

Puzzle 62

5	9	6	2	7	3	4	8	1
4	1	2	8	9	6	3	5	7
8	7	3	5	1	4	2	9	6
1	3	4	9	2	7	8	6	5
6	5	9	4	8	1	7	2	3
2	8	7	6	3	5	1	4	9
3	6	8	7	4	9	5	1	2
7	2	5	1	6	8	9	3	4
9	4	1	3	5	2	6	7	8

Puzzle 63

8	3	6	4	7	5	1	9	2
7	5	9	1	8	2	6	4	3
1	2	4	9	6	3	7	8	5
5	1	2	7	4	6	9	3	8
9	4	7	3	2	8	5	1	6
3	6	8	5	9	1	4	2	7
6	9	3	8	1	7	2	5	4
2	8	1	6	5	4	3	7	9
4	7	5	2	3	9	8	6	1

Puzzle 64

4	6	1	2	5	7	3	8	9
7	3	5	9	4	8	2	6	1
2	8	9	1	6	3	4	7	5
1	4	8	3	9	5	6	2	7
3	5	7	6	2	1	8	9	4
9	2	6	7	8	4	5	1	3
5	1	2	8	3	9	7	4	6
6	9	4	5	7	2	1	3	8
8	7	3	4	1	6	9	5	2

Puzzle 65

9	6	4	2	8	1	7	5	3
1	2	3	5	6	7	4	8	9
5	8	7	9	3	4	1	2	6
6	9	1	4	7	2	5	3	8
4	5	8	3	1	6	2	9	7
7	3	2	8	5	9	6	1	4
2	4	5	7	9	8	3	6	1
3	1	9	6	4	5	8	7	2
8	7	6	1	2	3	9	4	5

Puzzle 66

3	8	6	9	2	4	5	7	1
7	2	5	6	8	1	3	4	9
4	1	9	3	7	5	6	2	8
5	7	1	8	6	9	4	3	2
9	6	3	4	1	2	7	8	5
2	4	8	5	3	7	1	9	6
8	3	4	1	9	6	2	5	7
1	9	7	2	5	3	8	6	4
6	5	2	7	4	8	9	1	3

Puzzle 67

8	7	1	5	6	4	9	3	2
6	4	3	9	8	2	1	5	7
9	5	2	1	7	3	6	8	4
7	6	5	4	2	9	8	1	3
1	2	8	3	5	7	4	9	6
3	9	4	6	1	8	2	7	5
4	3	6	7	9	1	5	2	8
2	1	7	8	4	5	3	6	9
5	8	9	2	3	6	7	4	1

Puzzle 68

7	3	9	6	1	5	8	2	4
1	8	5	4	3	2	7	9	6
6	2	4	7	8	9	5	1	3
5	1	7	2	6	4	9	3	8
3	9	2	1	7	8	4	6	5
8	4	6	9	5	3	2	7	1
9	7	8	3	4	1	6	5	2
4	6	3	5	2	7	1	8	9
2	5	1	8	9	6	3	4	7

Puzzle 69

4	8	3	1	7	2	6	5	9
2	7	5	3	9	6	1	4	8
1	9	6	5	4	8	3	7	2
3	1	4	2	8	5	7	9	6
7	5	8	6	3	9	2	1	4
9	6	2	7	1	4	8	3	5
8	2	7	4	5	1	9	6	3
5	3	9	8	6	7	4	2	1
6	4	1	9	2	3	5	8	7

Puzzle 70

5	8	3	1	4	7	6	9	2
4	9	7	8	2	6	1	5	3
2	6	1	9	5	3	4	7	8
3	7	9	2	1	4	8	6	5
8	4	6	3	7	5	9	2	1
1	2	5	6	9	8	3	4	7
6	5	4	7	8	1	2	3	9
7	1	2	4	3	9	5	8	6
9	3	8	5	6	2	7	1	4

Puzzle 71

9	3	8	2	6	4	1	5	7
4	1	6	8	5	7	3	2	9
2	7	5	9	3	1	8	4	6
7	2	1	3	4	5	6	9	8
5	9	3	6	8	2	7	1	4
8	6	4	7	1	9	5	3	2
6	5	7	4	9	3	2	8	1
1	8	9	5	2	6	4	7	3
3	4	2	1	7	8	9	6	5

Puzzle 72

5	9	4	2	1	7	8	3	6
6	2	1	9	3	8	7	5	4
3	7	8	5	4	6	1	2	9
7	4	5	6	8	2	3	9	1
1	3	9	4	7	5	2	6	8
8	6	2	1	9	3	4	7	5
9	5	7	8	2	1	6	4	3
2	1	6	3	5	4	9	8	7
4	8	3	7	6	9	5	1	2

Puzzle 73

1	9	4	3	7	2	6	8	5
3	5	2	8	6	9	4	7	1
8	6	7	1	5	4	9	2	3
4	7	1	2	3	8	5	6	9
2	3	5	7	9	6	1	4	8
9	8	6	5	4	1	2	3	7
6	1	3	9	2	7	8	5	4
5	4	9	6	8	3	7	1	2
7	2	8	4	1	5	3	9	6

Puzzle 74

5	8	4	1	9	3	6	7	2
6	3	9	7	5	2	8	1	4
1	2	7	6	4	8	5	3	9
3	5	1	8	2	9	7	4	6
8	9	6	5	7	4	1	2	3
4	7	2	3	1	6	9	5	8
2	4	5	9	8	7	3	6	1
9	1	3	4	6	5	2	8	7
7	6	8	2	3	1	4	9	5

Puzzle 75

5	7	8	9	1	3	6	2	4
4	1	3	2	6	7	5	9	8
9	2	6	4	5	8	3	1	7
2	3	7	5	4	9	1	8	6
8	9	1	3	7	6	2	4	5
6	5	4	1	8	2	7	3	9
7	4	2	6	9	1	8	5	3
1	8	9	7	3	5	4	6	2
3	6	5	8	2	4	9	7	1

Puzzle 76

7	4	2	1	6	3	9	8	5
8	9	3	4	2	5	1	6	7
5	6	1	8	9	7	4	3	2
2	1	6	7	3	9	5	4	8
3	5	9	6	4	8	7	2	1
4	8	7	2	5	1	6	9	3
9	2	5	3	7	4	8	1	6
6	7	8	9	1	2	3	5	4
1	3	4	5	8	6	2	7	9

Puzzle 77

3	2	4	1	8	5	6	9	7
5	9	1	6	7	3	8	4	2
7	8	6	2	9	4	3	1	5
8	6	7	5	2	9	4	3	1
1	5	9	4	3	6	2	7	8
2	4	3	8	1	7	9	5	6
6	3	5	7	4	8	1	2	9
4	7	2	9	6	1	5	8	3
9	1	8	3	5	2	7	6	4

Puzzle 78

7	3	8	6	5	4	9	2	1
1	4	5	7	2	9	3	6	8
9	2	6	3	8	1	4	7	5
5	7	1	4	9	3	6	8	2
2	9	4	1	6	8	7	5	3
6	8	3	2	7	5	1	9	4
8	1	2	9	3	6	5	4	7
4	6	7	5	1	2	8	3	9
3	5	9	8	4	7	2	1	6

Puzzle 79

7	6	8	3	9	4	5	1	2
9	5	4	2	1	7	8	3	6
2	3	1	6	5	8	9	7	4
4	9	2	1	3	5	7	6	8
6	1	3	7	8	9	2	4	5
5	8	7	4	2	6	3	9	1
1	7	5	9	4	2	6	8	3
8	4	6	5	7	3	1	2	9
3	2	9	8	6	1	4	5	7

Puzzle 80

7	1	6	4	2	5	8	3	9
8	4	3	7	9	6	5	1	2
5	9	2	8	1	3	7	4	6
6	3	1	2	8	7	9	5	4
4	5	7	6	3	9	2	8	1
2	8	9	1	5	4	6	7	3
3	7	5	9	6	1	4	2	8
9	2	4	3	7	8	1	6	5
1	6	8	5	4	2	3	9	7

Puzzle 81

3	1	6	5	4	8	7	9	2
8	5	7	9	3	2	6	4	1
4	9	2	6	1	7	5	3	8
6	3	8	1	5	4	9	2	7
2	7	9	8	6	3	1	5	4
5	4	1	2	7	9	3	8	6
9	8	5	7	2	1	4	6	3
1	2	4	3	9	6	8	7	5
7	6	3	4	8	5	2	1	9

Puzzle 82

6	9	7	5	8	1	4	3	2
3	8	1	6	4	2	5	7	9
2	4	5	7	9	3	6	1	8
7	2	3	4	5	9	1	8	6
8	5	6	1	3	7	2	9	4
9	1	4	2	6	8	7	5	3
1	7	9	8	2	4	3	6	5
5	3	2	9	1	6	8	4	7
4	6	8	3	7	5	9	2	1

Puzzle 83

9	4	6	7	2	5	3	8	1
1	3	2	8	6	4	5	9	7
5	8	7	3	9	1	4	2	6
7	2	1	5	3	9	6	4	8
3	5	8	2	4	6	1	7	9
6	9	4	1	7	8	2	5	3
2	1	9	4	8	3	7	6	5
4	6	3	9	5	7	8	1	2
8	7	5	6	1	2	9	3	4

Puzzle 84

6	9	7	1	5	8	4	3	2
8	3	2	4	7	6	1	9	5
5	4	1	3	2	9	6	7	8
3	7	9	8	6	2	5	4	1
4	1	8	5	3	7	2	6	9
2	5	6	9	4	1	7	8	3
7	2	5	6	9	3	8	1	4
9	8	4	7	1	5	3	2	6
1	6	3	2	8	4	9	5	7

Puzzle 85

9	1	4	3	8	6	7	5	2
3	6	5	2	9	7	1	8	4
2	8	7	1	4	5	9	6	3
8	5	9	4	6	3	2	7	1
7	3	1	9	5	2	8	4	6
6	4	2	7	1	8	3	9	5
4	9	6	8	3	1	5	2	7
1	7	8	5	2	4	6	3	9
5	2	3	6	7	9	4	1	8

Puzzle 86

6	8	5	7	9	2	3	4	1
2	7	9	1	4	3	5	6	8
3	1	4	5	6	8	7	2	9
1	9	3	8	2	5	6	7	4
5	6	2	4	7	1	8	9	3
7	4	8	9	3	6	2	1	5
9	3	1	6	5	7	4	8	2
8	5	6	2	1	4	9	3	7
4	2	7	3	8	9	1	5	6

Puzzle 87

6	2	9	3	1	7	4	5	8
1	8	4	6	9	5	7	3	2
3	7	5	8	4	2	1	6	9
2	6	3	5	7	4	8	9	1
9	4	1	2	6	8	3	7	5
8	5	7	1	3	9	6	2	4
5	1	2	7	8	3	9	4	6
4	3	8	9	2	6	5	1	7
7	9	6	4	5	1	2	8	3

Puzzle 88

2	9	3	8	7	5	6	4	1
4	8	5	1	2	6	9	7	3
1	7	6	9	4	3	5	2	8
7	2	1	4	6	9	8	3	5
8	3	4	2	5	1	7	6	9
5	6	9	7	3	8	4	1	2
6	1	7	5	9	2	3	8	4
3	5	8	6	1	4	2	9	7
9	4	2	3	8	7	1	5	6

Puzzle 89

7	8	2	6	3	9	4	1	5
6	9	1	5	4	7	8	2	3
5	3	4	2	8	1	6	9	7
4	2	9	3	6	5	7	8	1
1	6	5	9	7	8	3	4	2
3	7	8	1	2	4	5	6	9
2	5	6	4	1	3	9	7	8
9	4	7	8	5	2	1	3	6
8	1	3	7	9	6	2	5	4

Puzzle 90

7	6	2	3	8	9	4	1	5
3	9	1	5	4	2	6	7	8
5	4	8	6	1	7	3	2	9
8	7	4	9	5	3	2	6	1
6	5	3	1	2	8	9	4	7
2	1	9	7	6	4	8	5	3
9	8	6	2	7	1	5	3	4
4	2	7	8	3	5	1	9	6
1	3	5	4	9	6	7	8	2

Puzzle 91

3	2	4	9	1	7	6	8	5
7	1	5	6	8	2	9	3	4
9	8	6	4	3	5	7	2	1
2	4	3	7	6	9	1	5	8
8	9	7	2	5	1	3	4	6
5	6	1	8	4	3	2	7	9
4	7	2	1	9	8	5	6	3
6	3	9	5	2	4	8	1	7
1	5	8	3	7	6	4	9	2

Puzzle 92

7	4	2	1	6	5	3	9	8
5	9	3	2	8	7	1	6	4
8	1	6	3	4	9	2	7	5
1	7	4	6	2	8	9	5	3
3	8	5	7	9	1	4	2	6
6	2	9	5	3	4	8	1	7
4	5	1	8	7	2	6	3	9
2	3	8	9	5	6	7	4	1
9	6	7	4	1	3	5	8	2

Puzzle 93

1	6	9	4	7	5	3	2	8
4	8	7	3	1	2	5	9	6
5	3	2	6	8	9	7	1	4
2	7	5	9	4	1	6	8	3
3	9	8	7	2	6	1	4	5
6	4	1	8	5	3	2	7	9
7	5	3	2	9	8	4	6	1
8	1	4	5	6	7	9	3	2
9	2	6	1	3	4	8	5	7

Puzzle 94

5	4	2	7	6	8	3	9	1
7	3	6	1	9	2	4	8	5
9	1	8	3	5	4	2	6	7
4	5	9	6	1	7	8	3	2
8	7	1	9	2	3	6	5	4
2	6	3	8	4	5	7	1	9
6	2	4	5	8	1	9	7	3
3	9	5	2	7	6	1	4	8
1	8	7	4	3	9	5	2	6

Puzzle 95

3	4	1	2	6	5	8	7	9
6	9	5	8	1	7	4	2	3
7	8	2	3	4	9	6	5	1
2	3	4	1	5	8	7	9	6
1	5	6	7	9	3	2	8	4
9	7	8	4	2	6	1	3	5
5	2	7	6	3	1	9	4	8
8	1	9	5	7	4	3	6	2
4	6	3	9	8	2	5	1	7

Puzzle 96

7	8	3	9	4	5	2	6	1
1	6	9	2	8	7	5	3	4
2	4	5	6	1	3	7	9	8
8	7	1	3	2	9	4	5	6
4	9	2	8	5	6	1	7	3
5	3	6	1	7	4	8	2	9
9	1	8	7	3	2	6	4	5
3	2	4	5	6	8	9	1	7
6	5	7	4	9	1	3	8	2

Puzzle 97

5	6	7	1	2	4	8	3	9
2	3	9	7	5	8	1	6	4
8	1	4	3	9	6	7	5	2
7	9	5	4	1	3	2	8	6
1	4	3	6	8	2	9	7	5
6	8	2	9	7	5	4	1	3
3	7	6	8	4	9	5	2	1
4	2	1	5	3	7	6	9	8
9	5	8	2	6	1	3	4	7

Puzzle 98

6	3	8	2	5	9	4	7	1
5	9	7	1	4	8	2	3	6
2	1	4	6	7	3	5	8	9
8	2	6	3	9	5	1	4	7
4	5	3	7	6	1	9	2	8
9	7	1	4	8	2	6	5	3
3	6	2	5	1	7	8	9	4
7	4	9	8	2	6	3	1	5
1	8	5	9	3	4	7	6	2

Puzzle 99

3	4	5	9	7	6	2	1	8
6	9	8	3	2	1	7	4	5
7	1	2	8	4	5	9	6	3
1	2	4	5	8	9	3	7	6
5	6	9	7	3	2	4	8	1
8	7	3	1	6	4	5	2	9
2	8	1	4	5	3	6	9	7
9	3	6	2	1	7	8	5	4
4	5	7	6	9	8	1	3	2

Puzzle 100

4	9	5	1	8	7	3	6	2
7	2	3	4	9	6	8	5	1
1	8	6	5	3	2	4	7	9
5	6	9	3	7	1	2	8	4
8	1	7	2	6	4	5	9	3
3	4	2	9	5	8	6	1	7
6	7	4	8	1	3	9	2	5
2	5	1	6	4	9	7	3	8
9	3	8	7	2	5	1	4	6

www.ingramcontent.com/pod-product-compliance
Lightning Source LLC
Chambersburg PA
CBHW070818220526
45466CB00002B/703